设 计 师 手 稿 系 列

女装款式设计500例·大衣

马瑜 著

中国纺织出版社有限公司

内 容 提 要

本书详细绘制了各类女装大衣款式，汇集了 500 余例大衣流行样式，着重于高端的设计理念，力求达到分析、研究、实用的目的。全书共分三章，第一章为长款大衣，第二章为中长款大衣，第三章为短款大衣，书中大衣款式图大多具有较高的市场应用价值。

本书款式时尚且实用，便于读者查找和借鉴，既可供服装设计专业院校师生参考学习，也可供服装企业的设计师、制板师等相关从业人员拓展应用。

图书在版编目（CIP）数据

女装款式设计 500 例. 大衣／马瑜著 . -- 北京：中国纺织出版社有限公司，2021.8

（设计师手稿系列）

ISBN 978-7-5180-8722-8

Ⅰ . ①女… Ⅱ . ①马… Ⅲ . ①女服-大衣-服装款式-款式设计 Ⅳ . ①TS941.717

中国版本图书馆 CIP 数据核字（2021）第 143068 号

责任编辑：孙成成 责任校对：寇晨晨 责任印制：王艳丽

中国纺织出版社有限公司出版发行

地址：北京市朝阳区百子湾东里 A407 号楼 邮政编码：100124

销售电话：010 — 67004422 传真：010 — 87155801

http://www.c-textilep.com

中国纺织出版社天猫旗舰店

官方微博 http://weibo.com/2119887771

北京华联印刷有限公司印刷 各地新华书店经销

2021 年 8 月第 1 版第 1 次印刷

开本：889×1194 1/16 印张：9

字数：200 千字 定价：55.00 元

前言
PREFACE

经过十多年的工作经验积累，笔者研究总结出符合服装专业课堂教学及实践的绘图方法，根据流行趋势以及女装时尚发展的需求，利用专业制图软件设计绘制出500余例时尚女装大衣款式图。书中款式图的主要设计风格符合实用型女装大衣款式，并按照长款类、中长款类、短款类进行分类展示，类别里又包含了时尚板型、休闲板型、商务板型、收身板型等几类板型。设计要点是通过不同的面料拼接，达到款式兼具丰富性、装饰性与功能性的目的。装饰材料设计也是款式设计的一部分，装饰特点主要体现在皮草拼接以及拉链、纽扣、调节扣等五金辅料装饰方面。书中款式设计图以实用型为主。本书图片清晰、设计新颖、实践性强，可作为服装专业院校学生和服装设计从业人员绘图练习及实践的专业参考书籍。

在此，特别感谢郑沛洁、杨立璇、王启良、张哲滔为本书提供的帮助。

2021 年 1 月

目录
CONTENTS

CHAPTER 1

长款大衣
LONG COAT

- **时尚款**
  FASHION STYLE
- **商务款**
  BUSINESS STYLE
- **休闲款**
  CASUAL STYLE

　　本章节将女装长款大衣按用途分为时尚款、商务款、休闲款。在设计绘图时需要依据穿着场合从设计美学角度进行分类设计，注意服装造型和服装细节的比例关系。

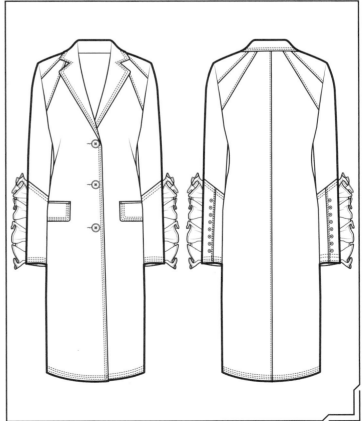

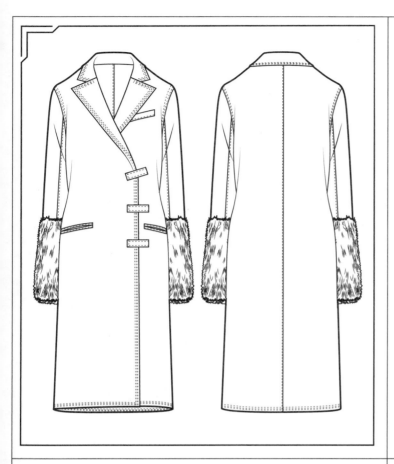

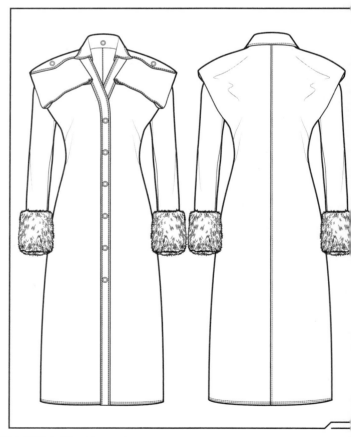

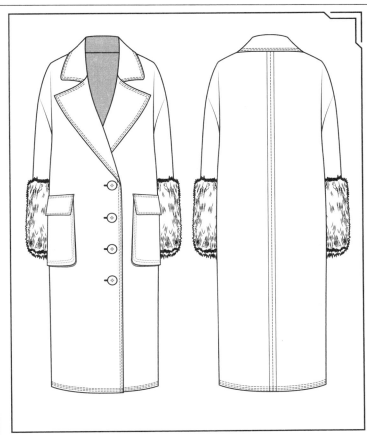

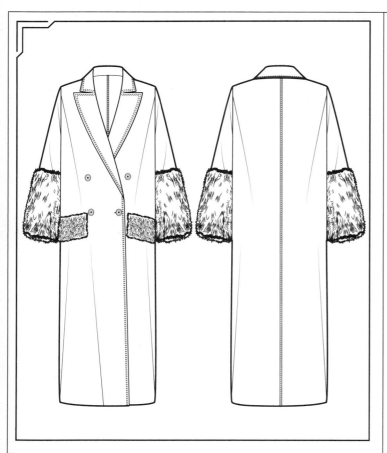

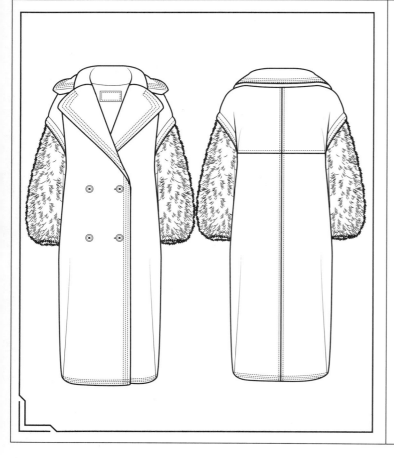

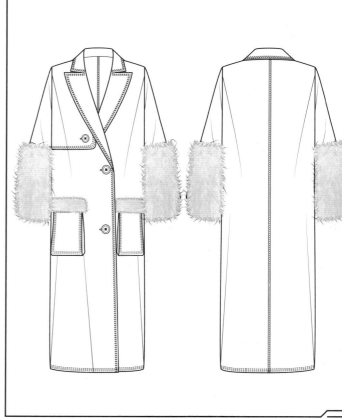

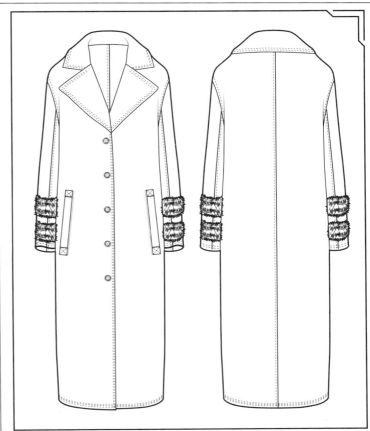

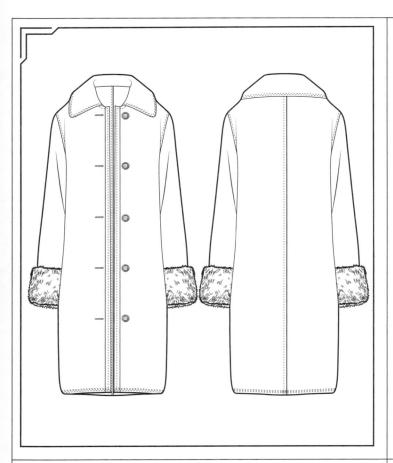

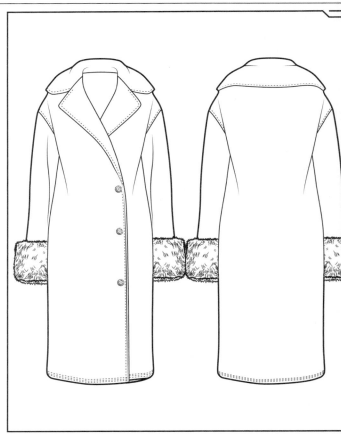

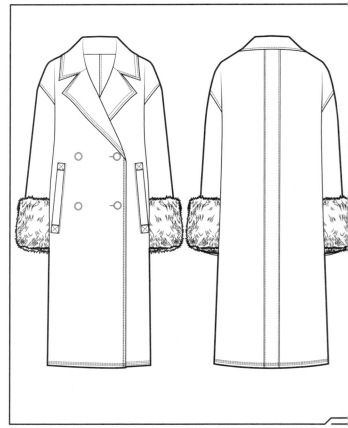

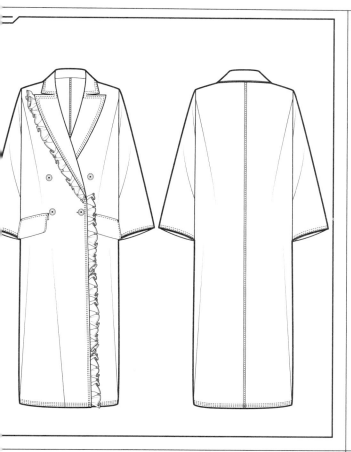

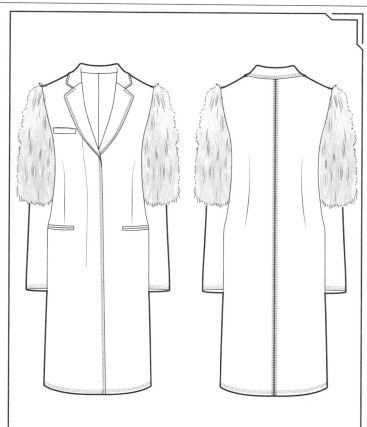

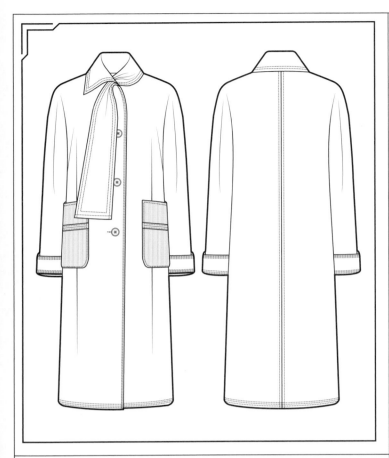

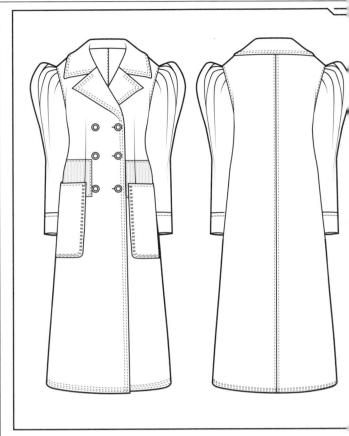

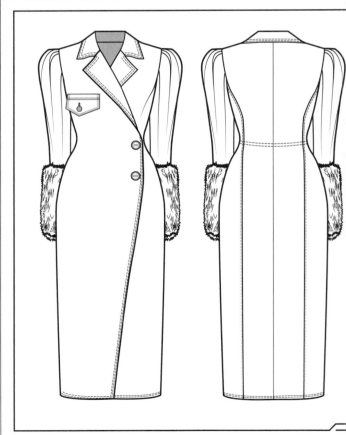

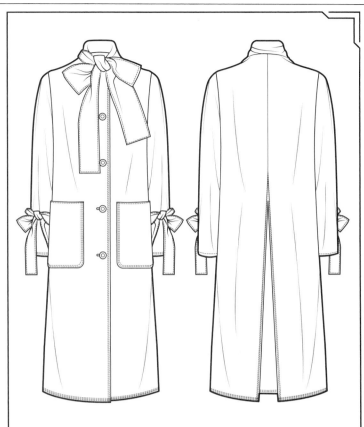

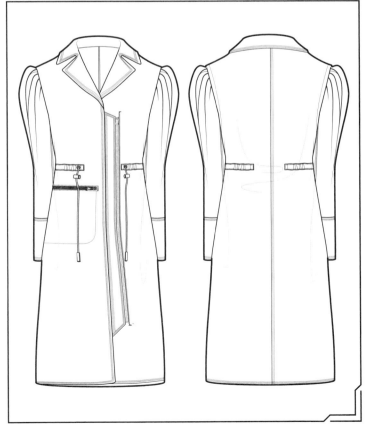

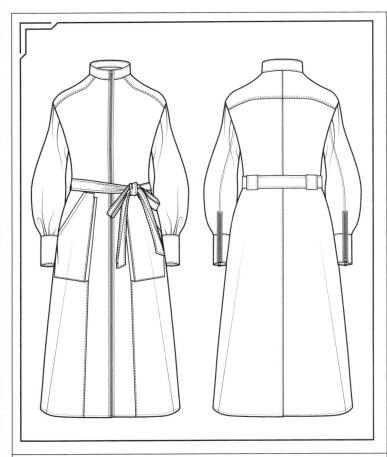

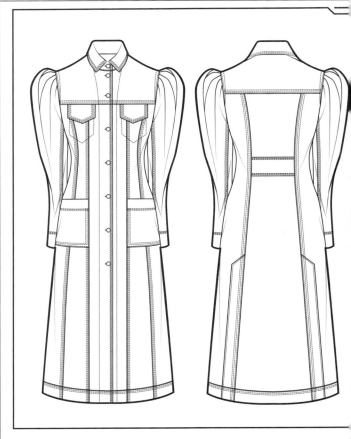

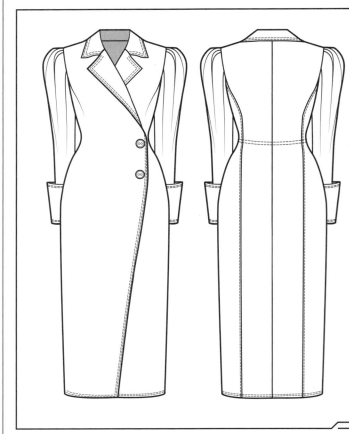

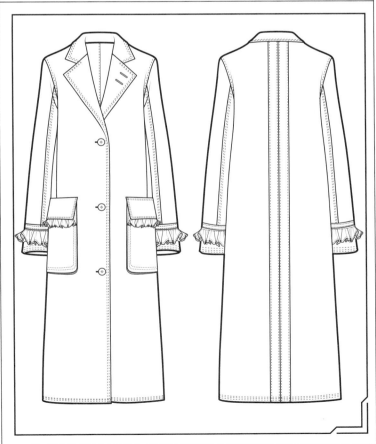

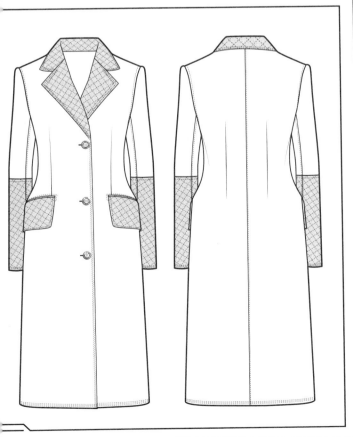

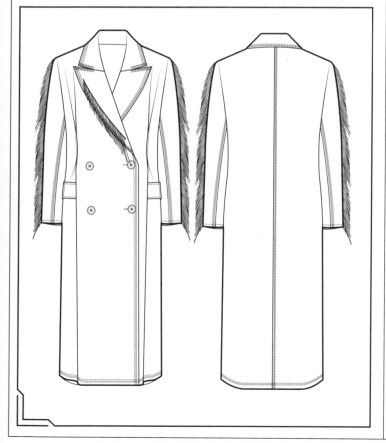

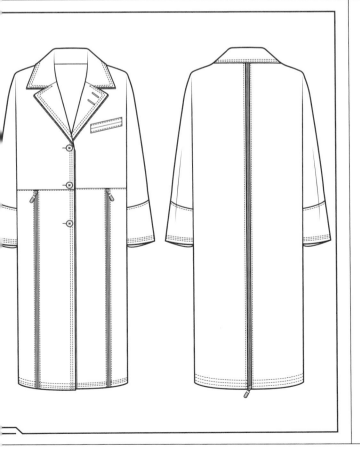

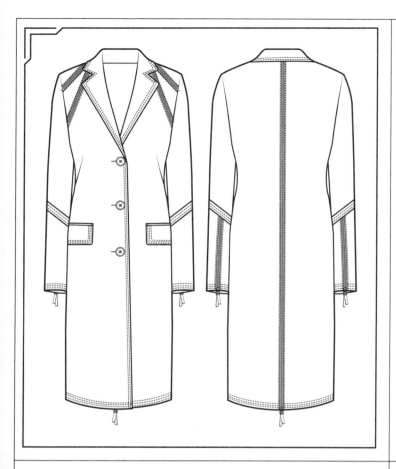

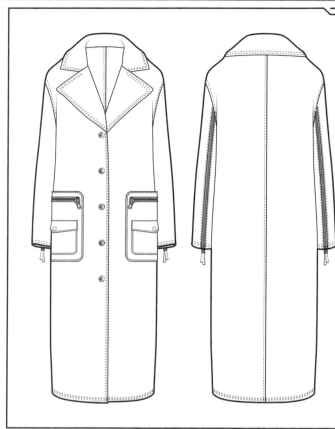

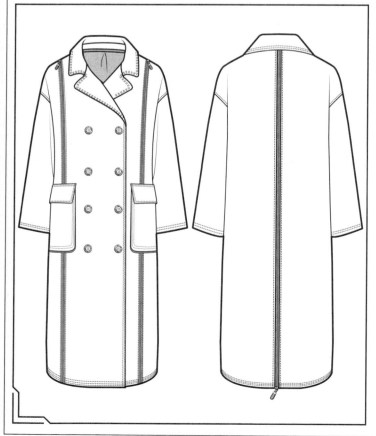

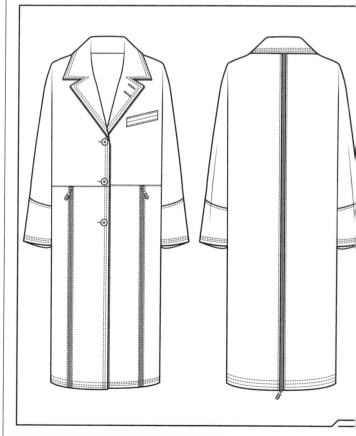

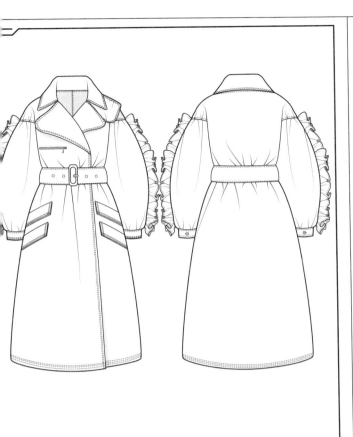

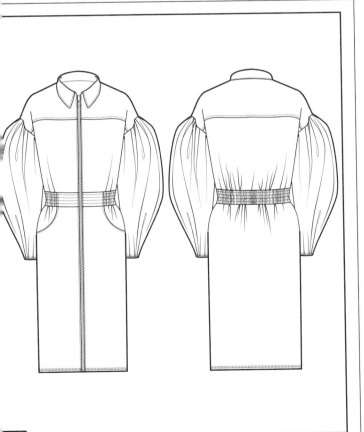

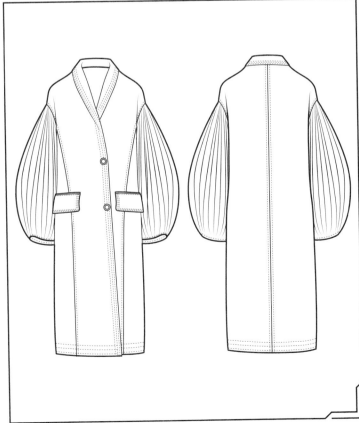

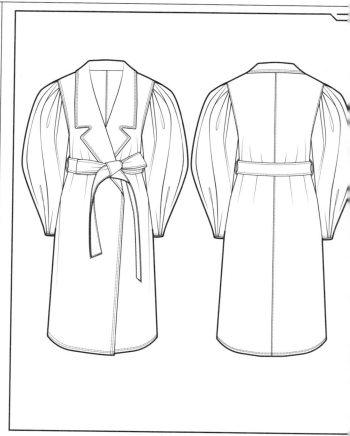

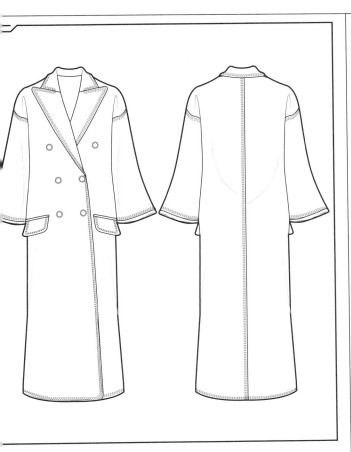

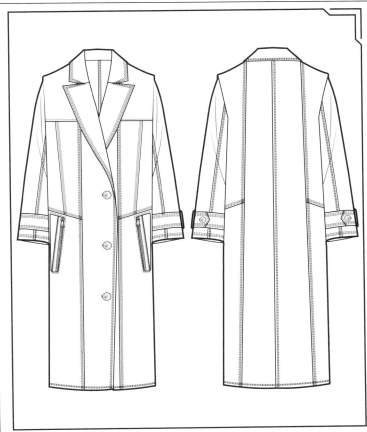

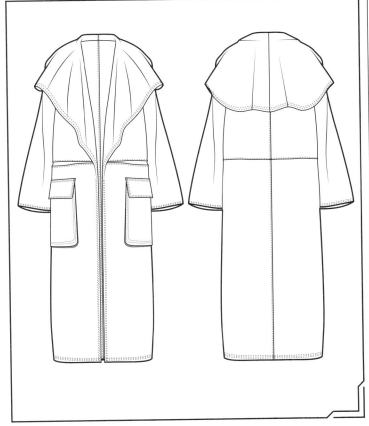

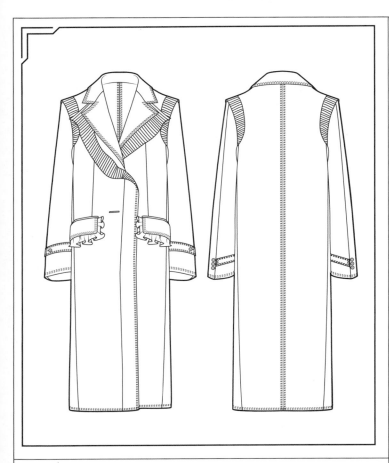

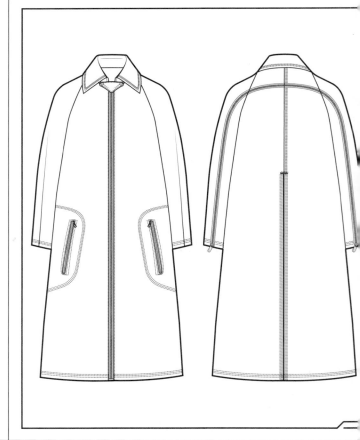

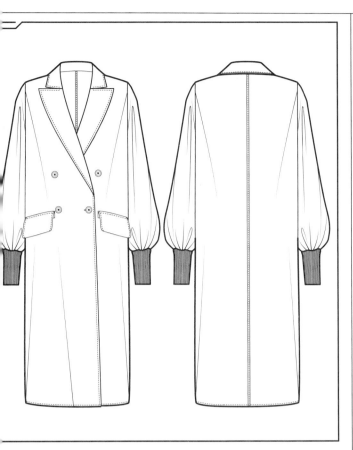

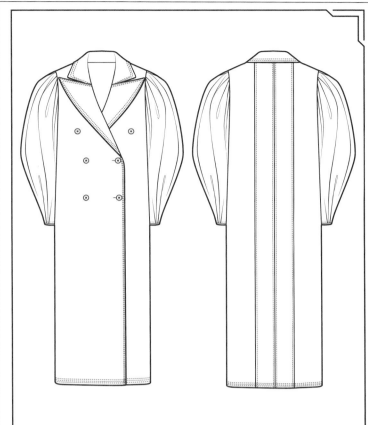

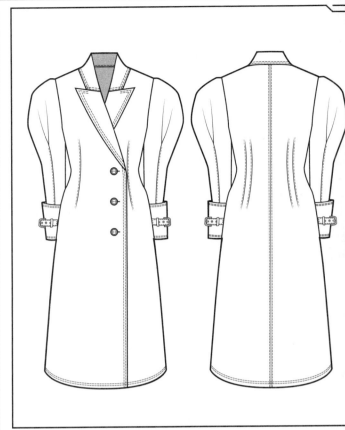

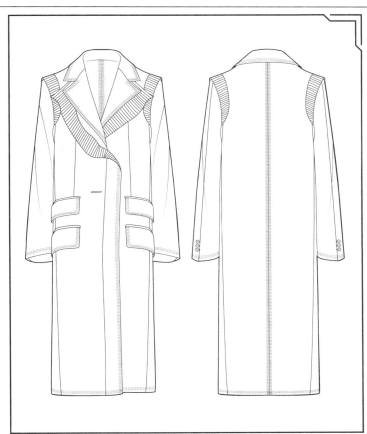

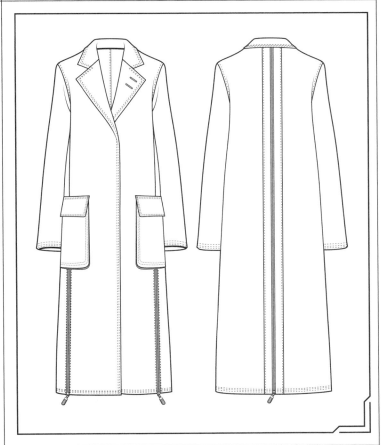

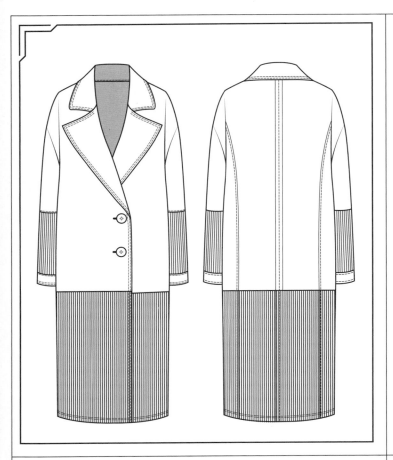

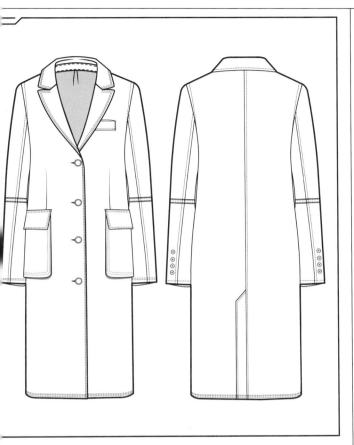

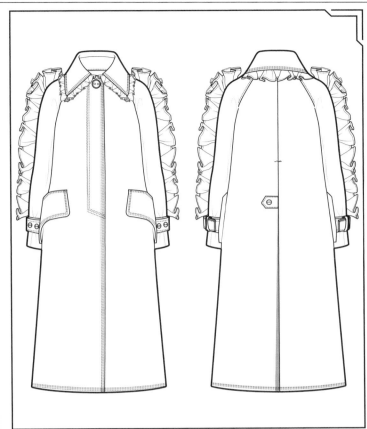

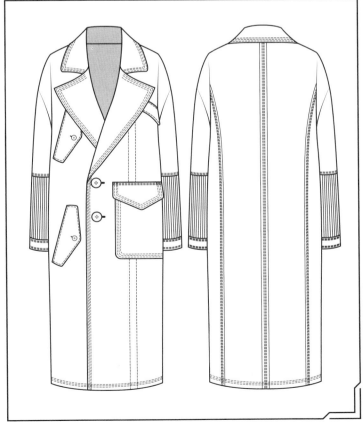

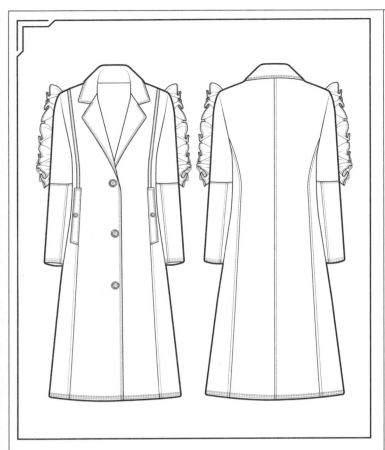

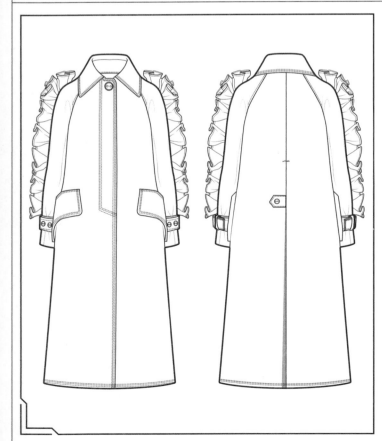

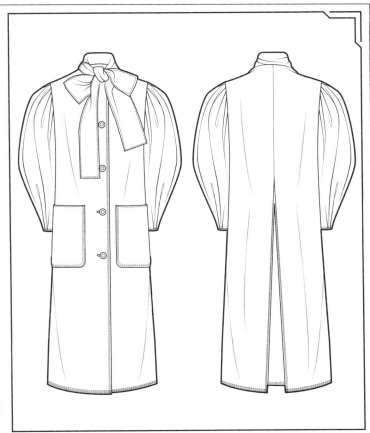

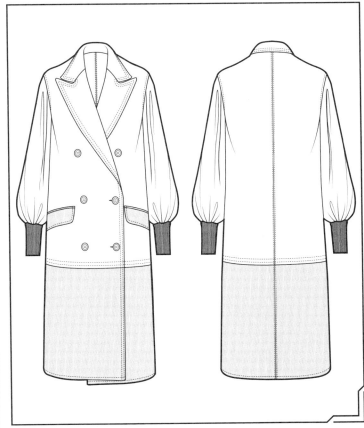

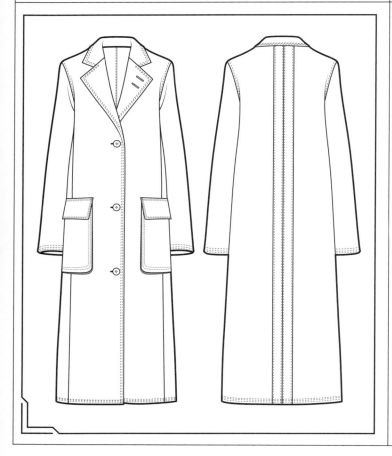

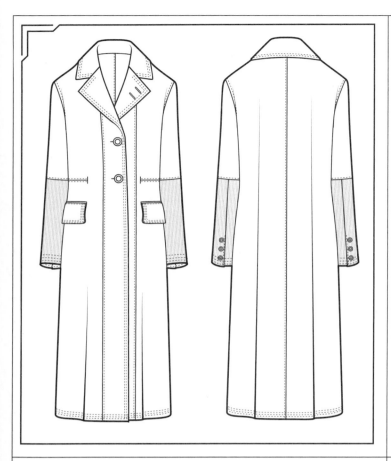

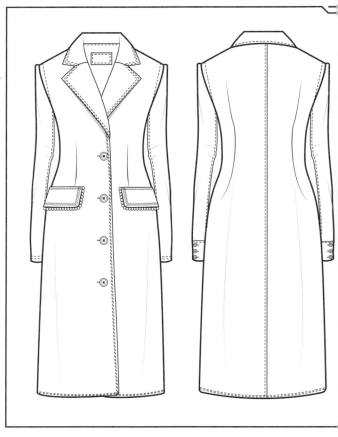
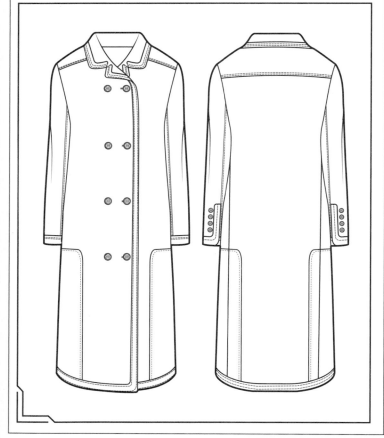

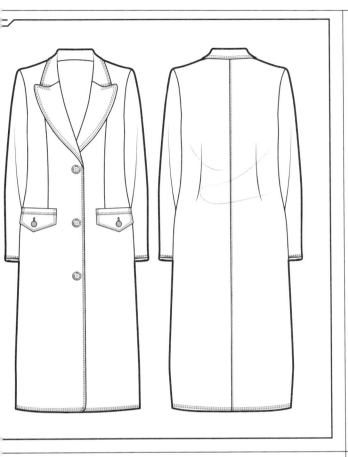

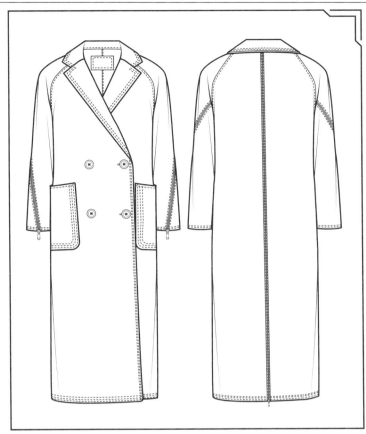

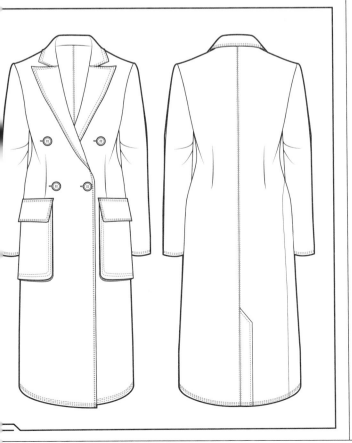

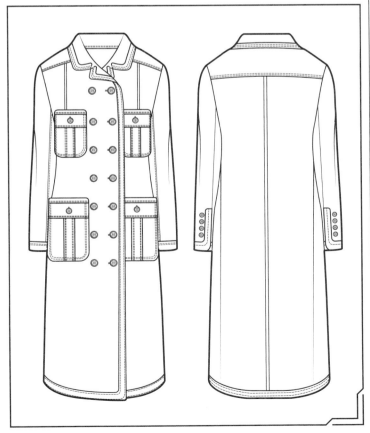

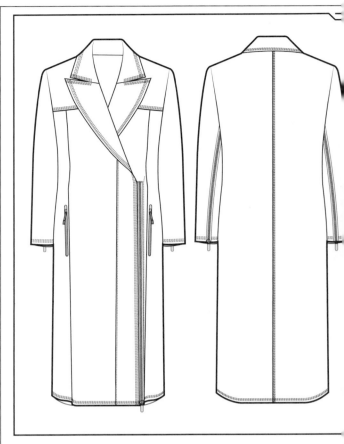

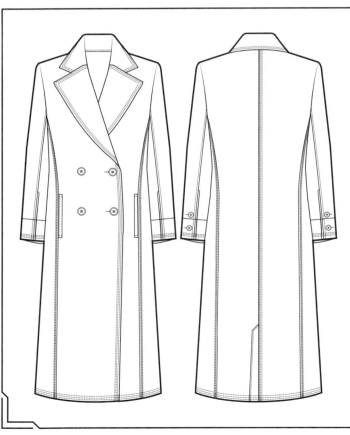

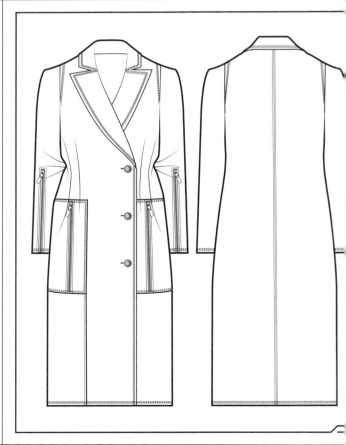

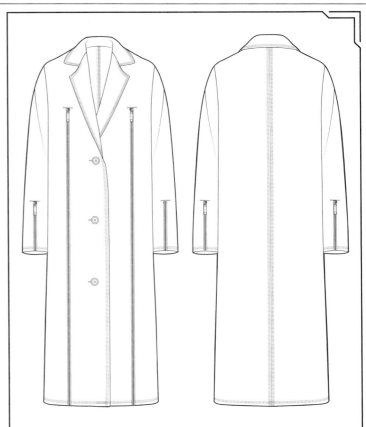

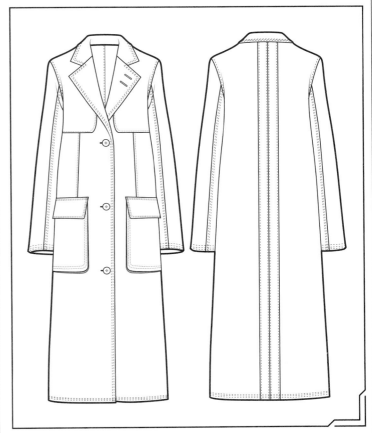

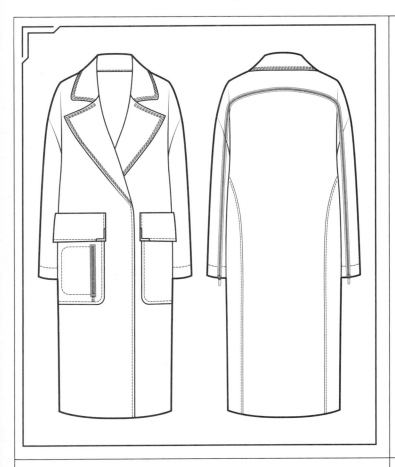

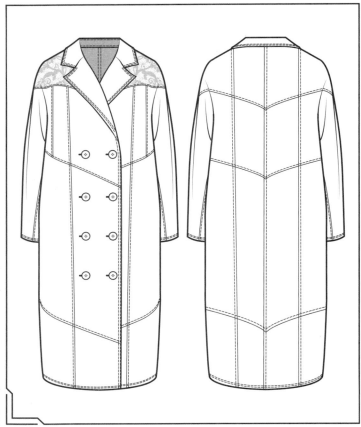

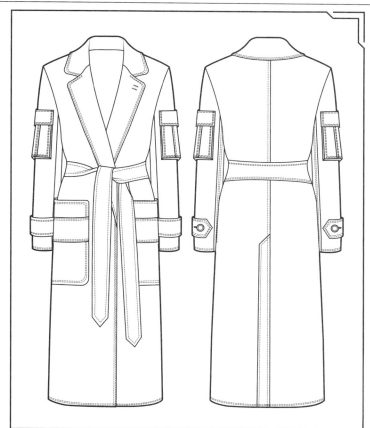

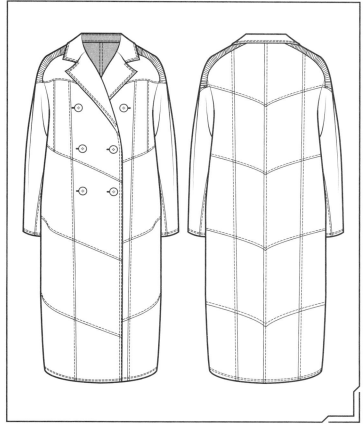

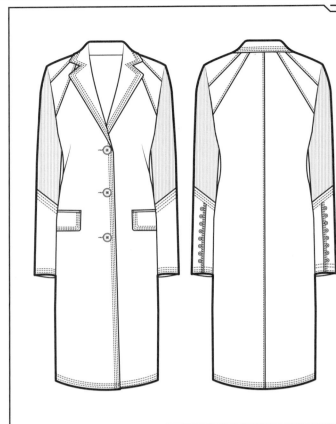

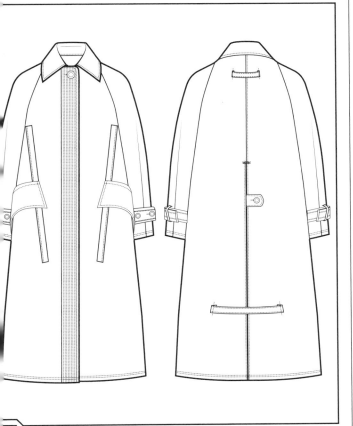

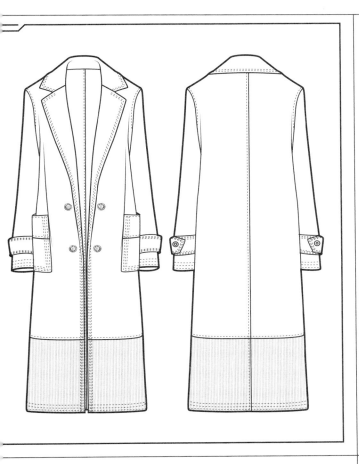

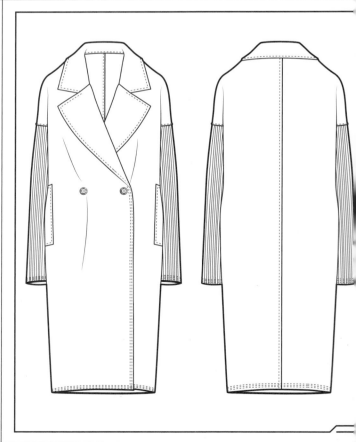

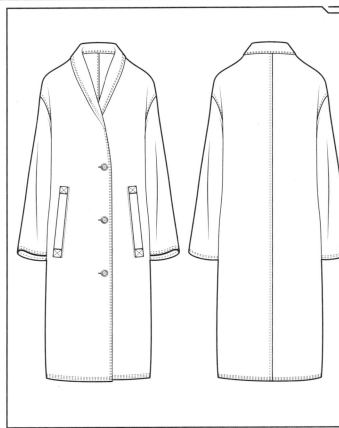

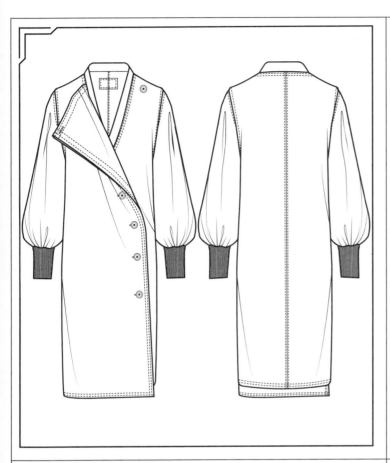

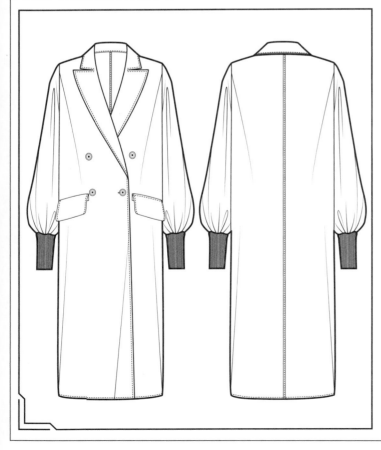

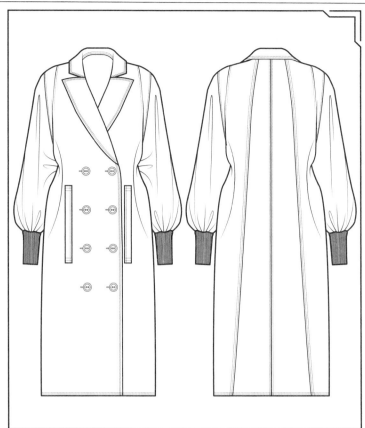

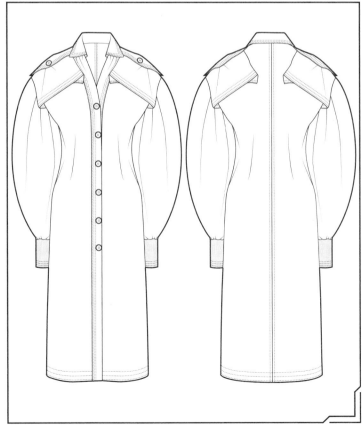

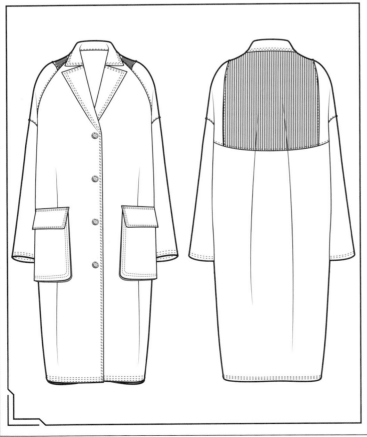

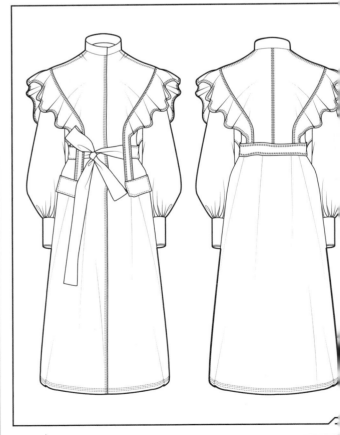

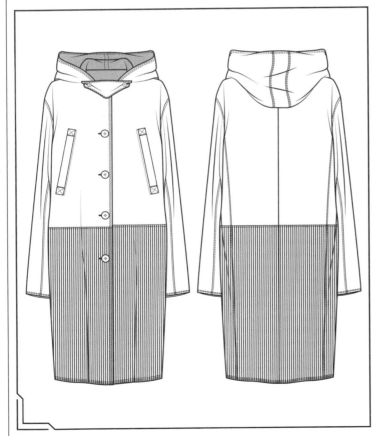

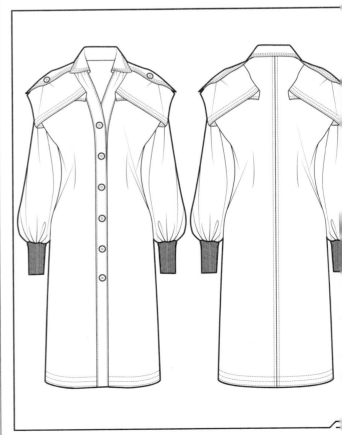

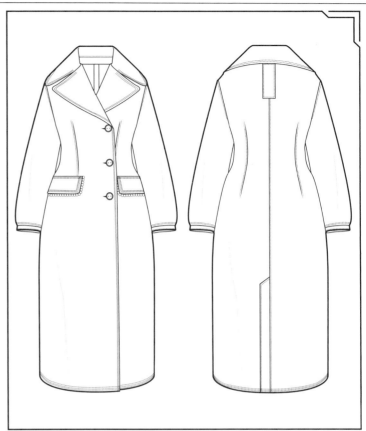

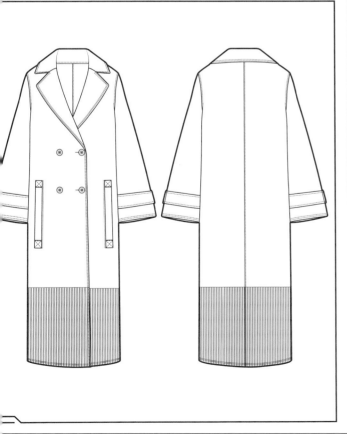

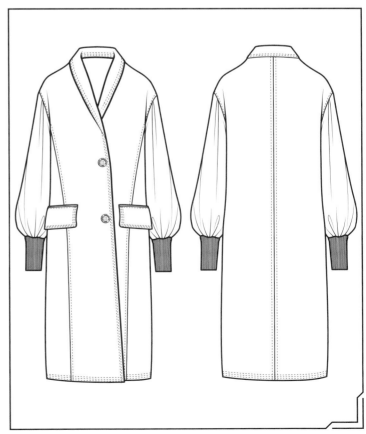

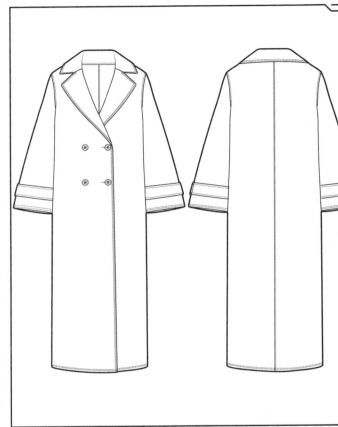

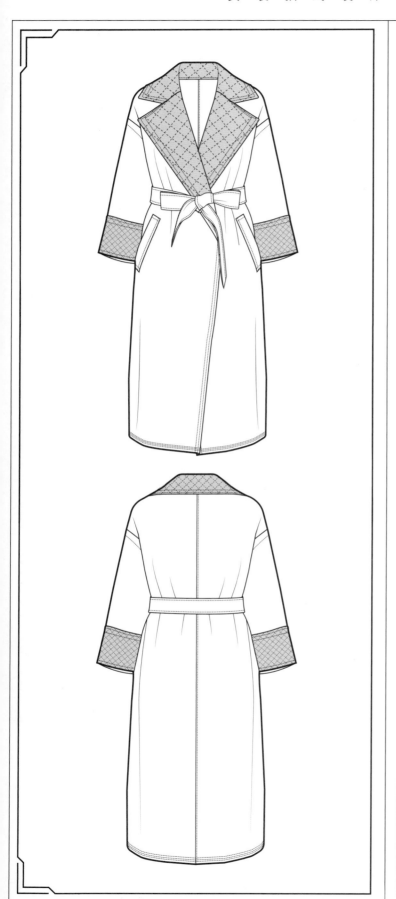

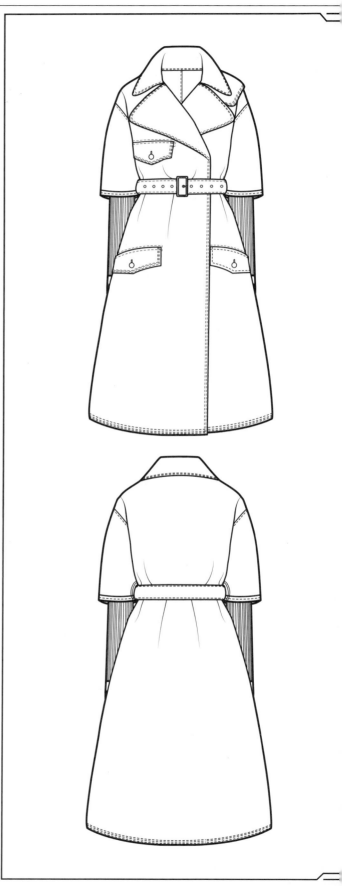

CHAPTER 2

中长款大衣
MEDIUM-LENGTH COAT

• **时尚款**
  FASHION STYLE

• **休闲款**
  CASUAL STYLE

　　本章节将中长款大衣按用途分为时尚款和休闲款。在设计绘图时应注意服装的造型特点和规律，使服装符合形式美法则，从而有效提升服装款式设计的美感。

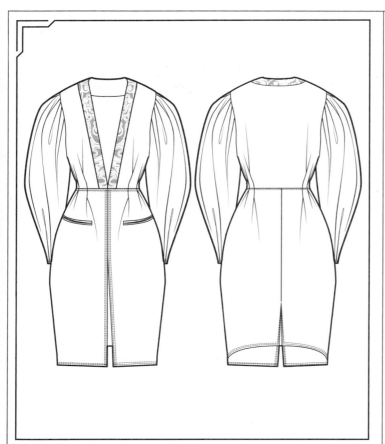

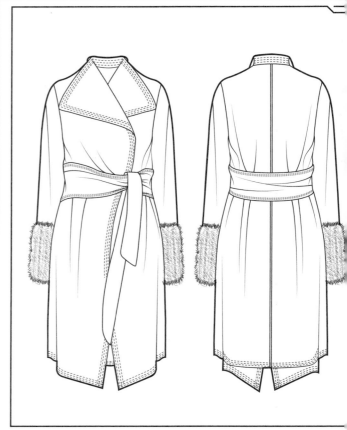

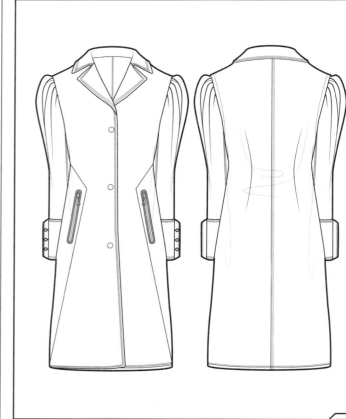

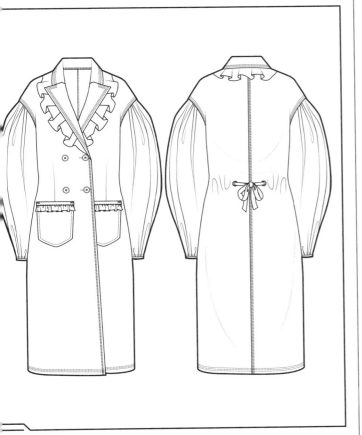

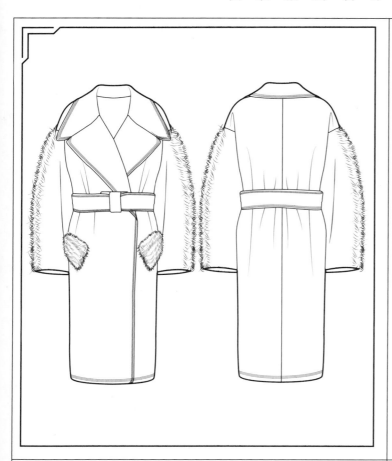

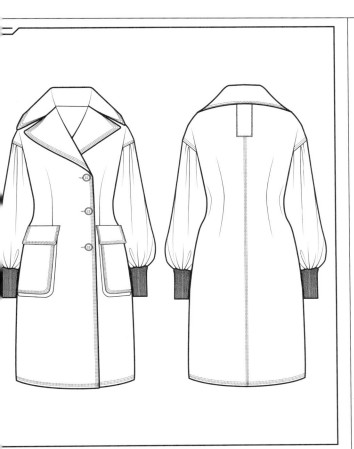

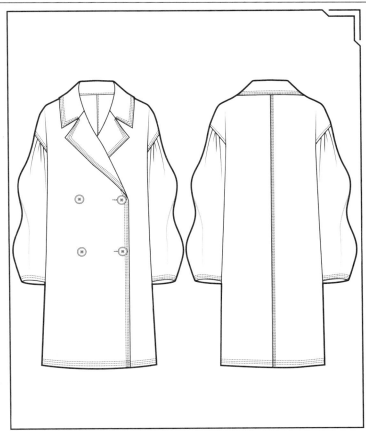

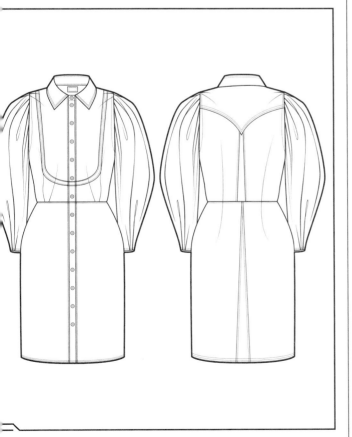

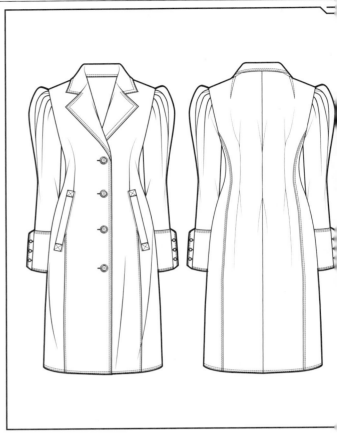

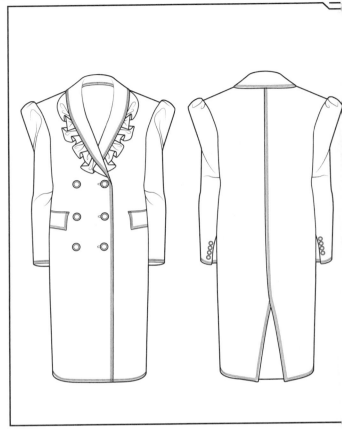

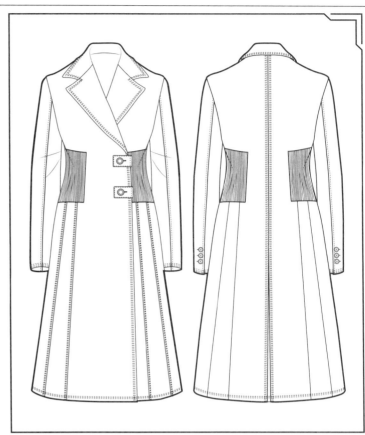

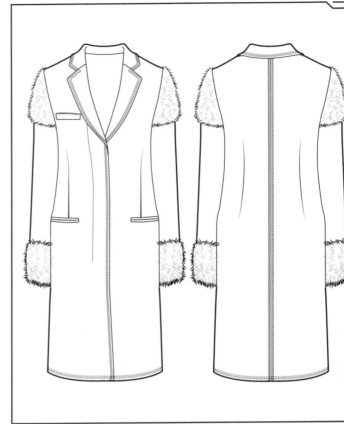

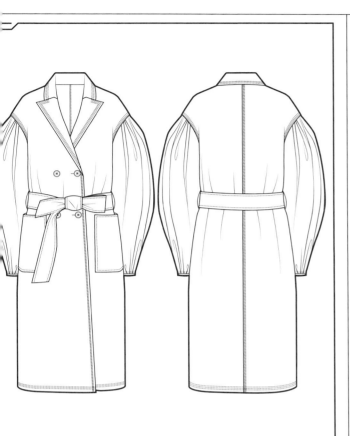

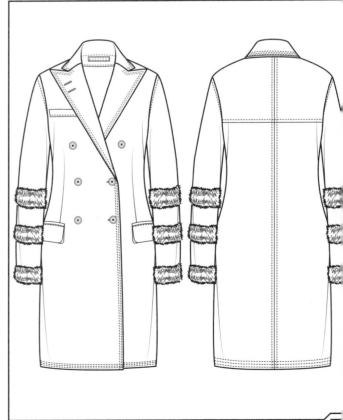

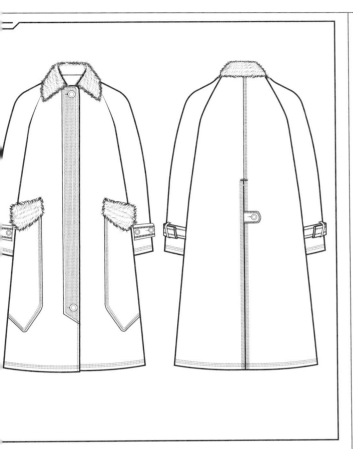

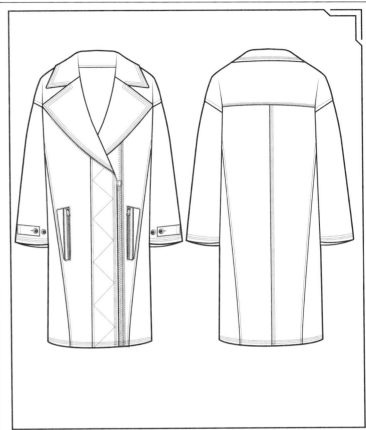

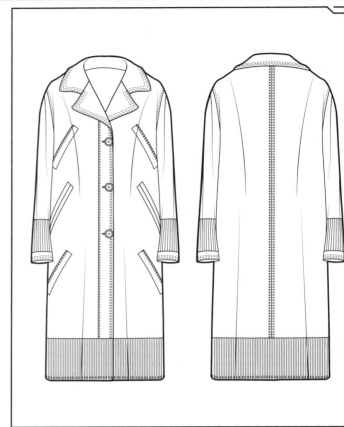

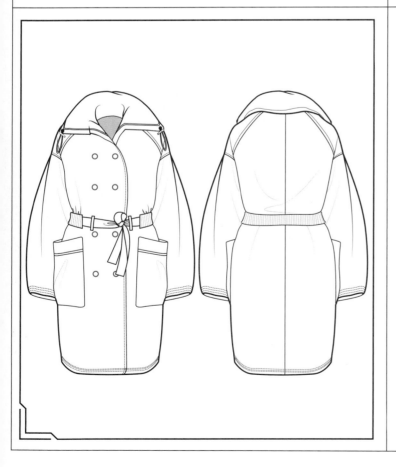

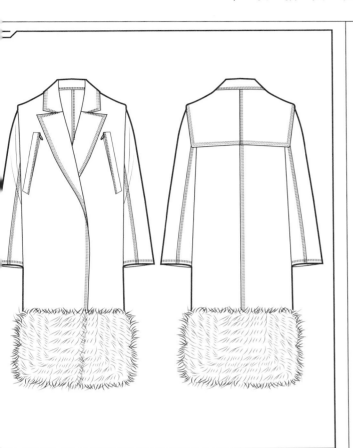

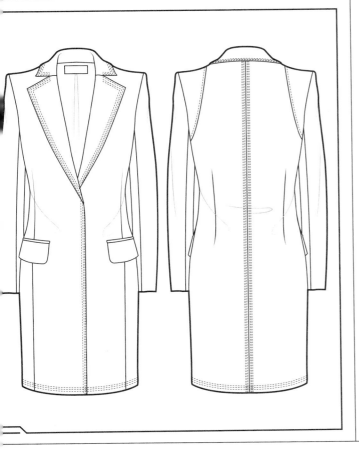

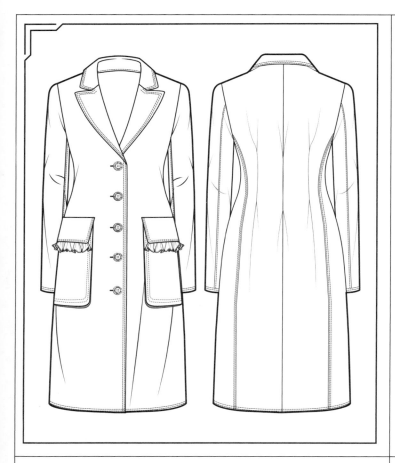

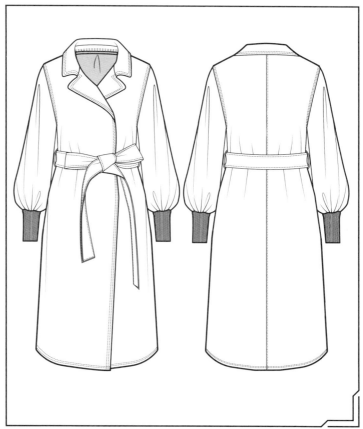

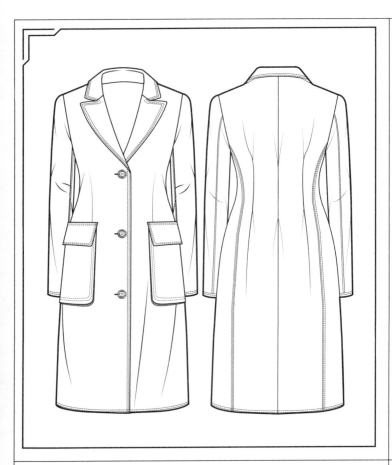

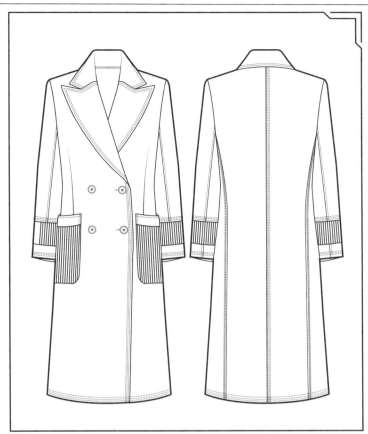

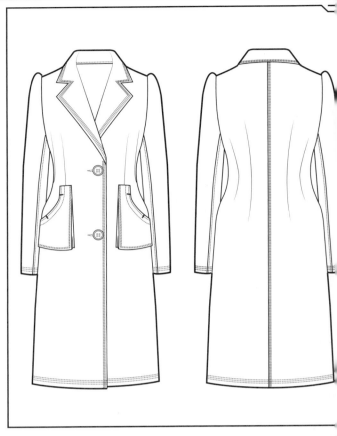

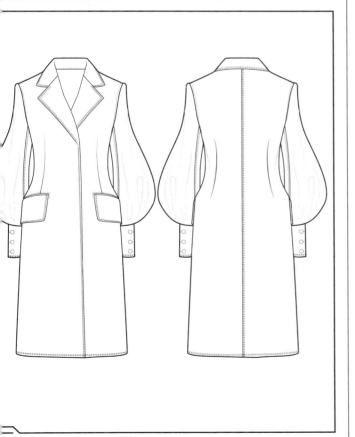

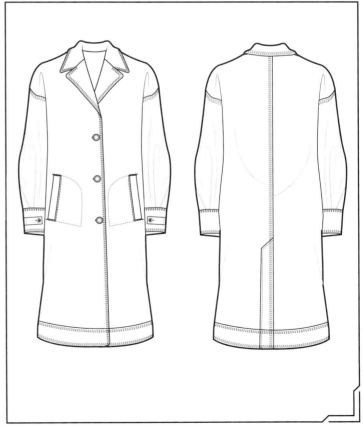

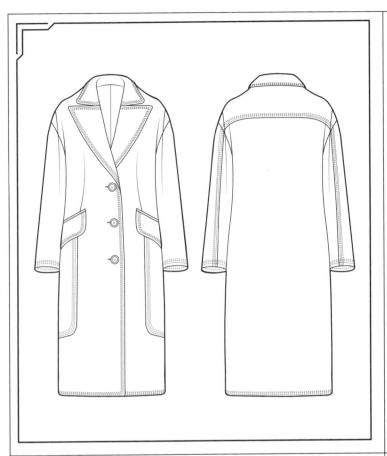

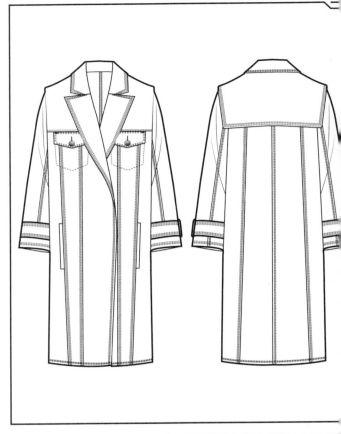

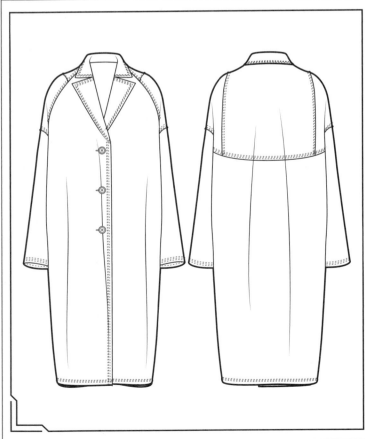

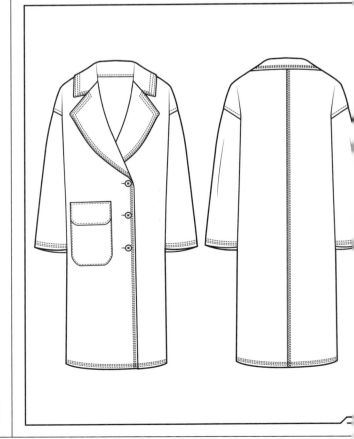

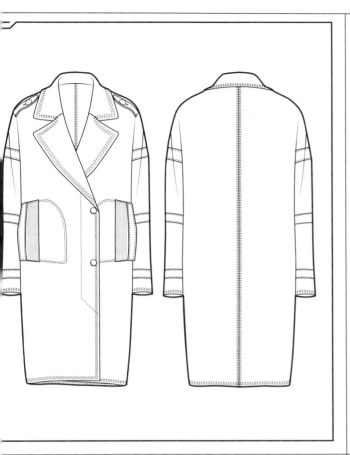

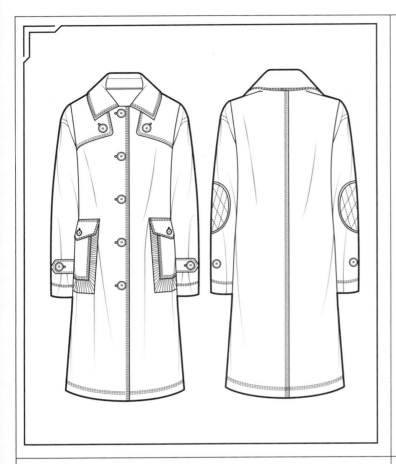

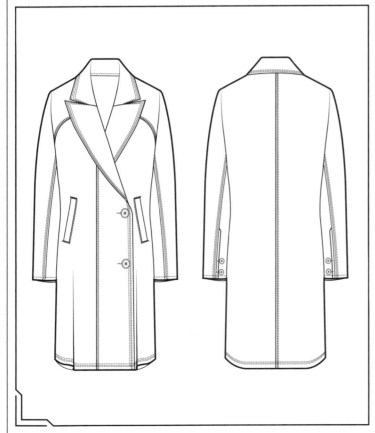

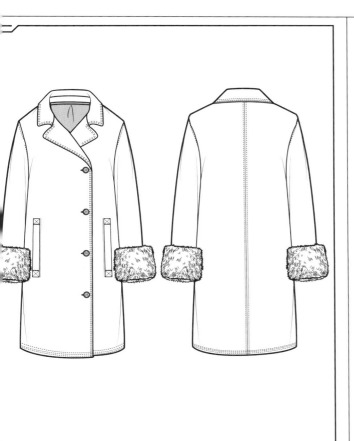

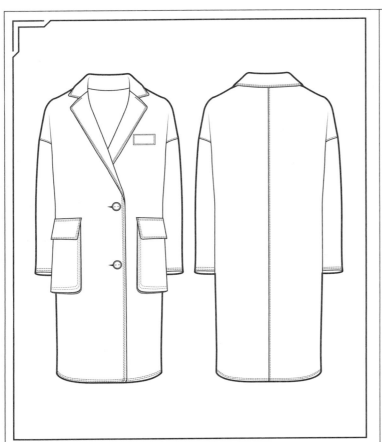

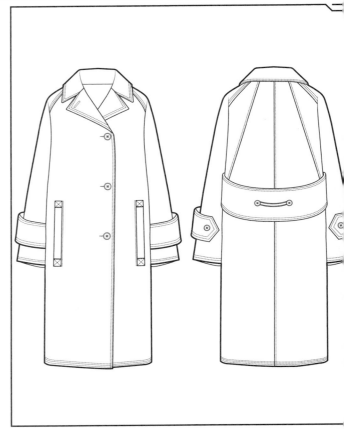

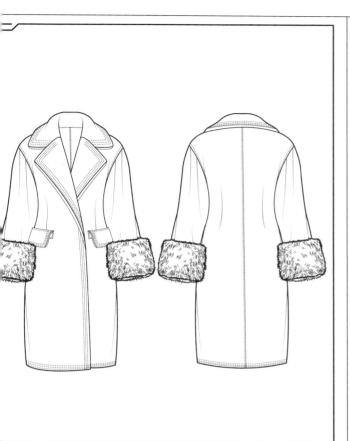

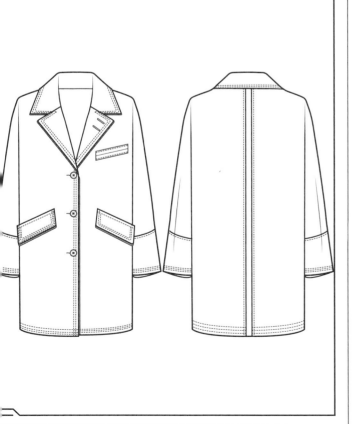

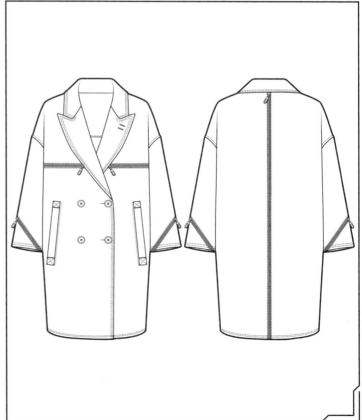

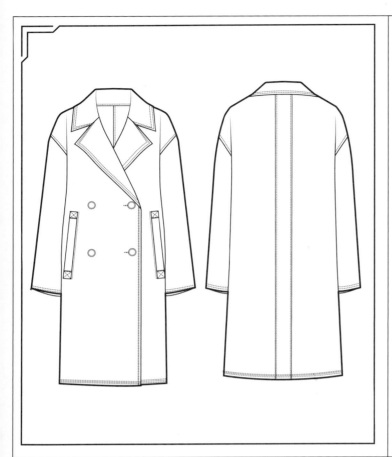

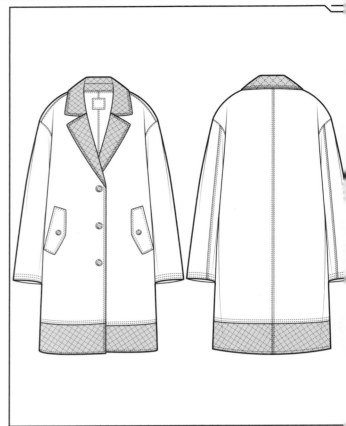

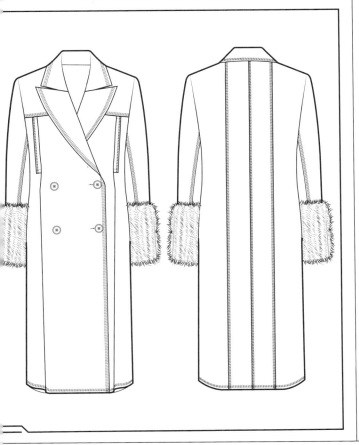

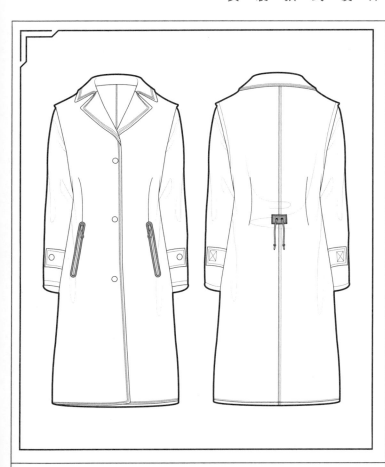

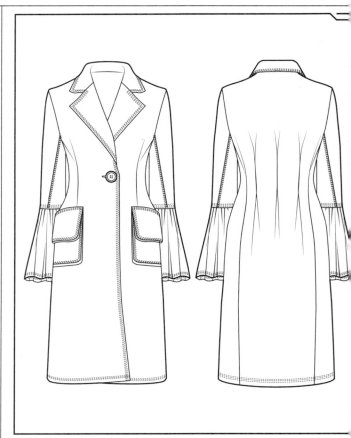

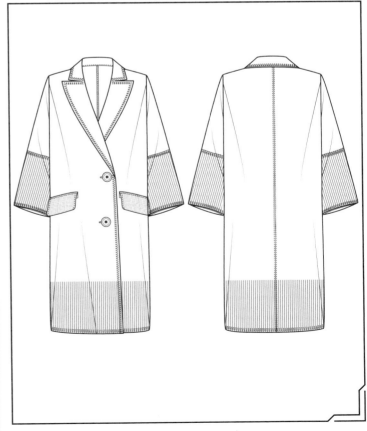

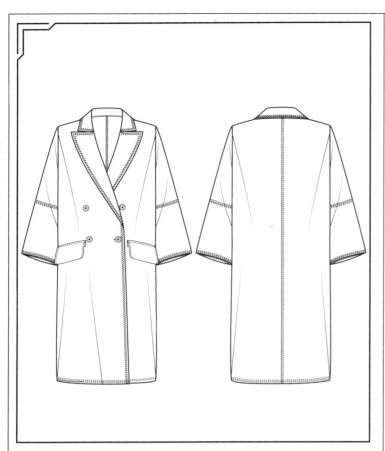

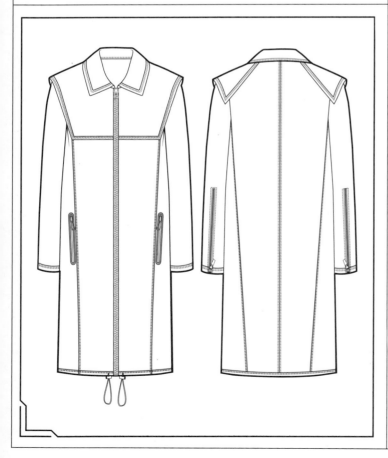

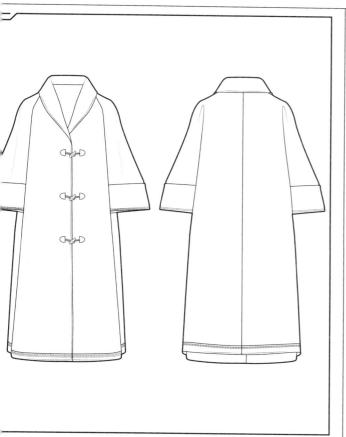

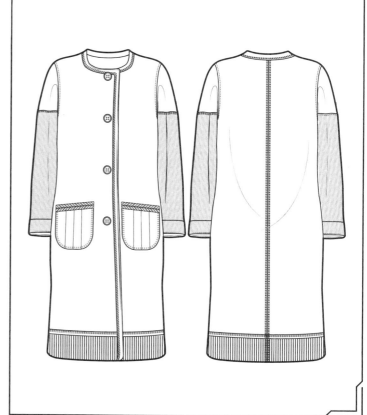

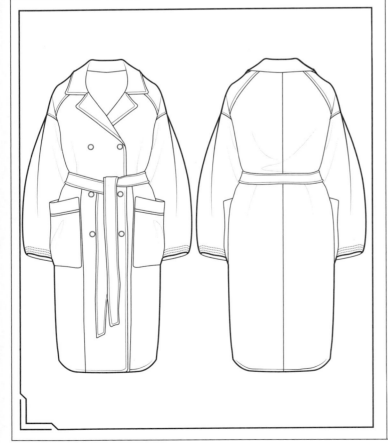

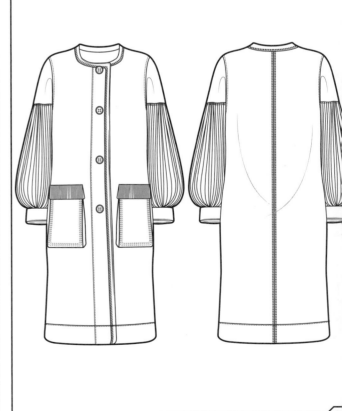

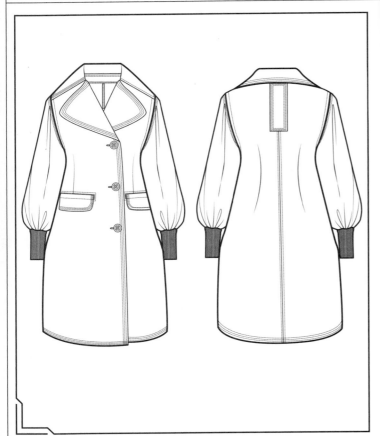
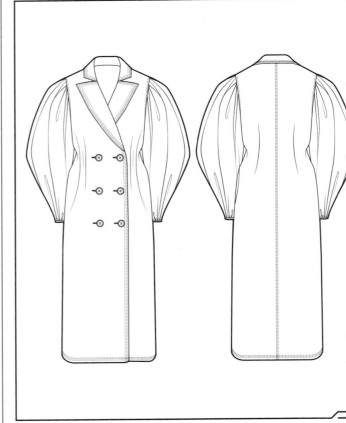

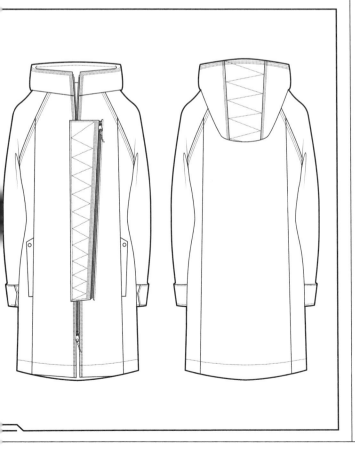

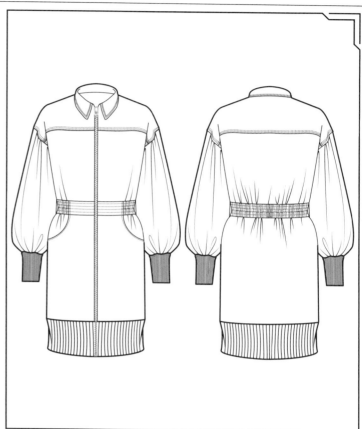

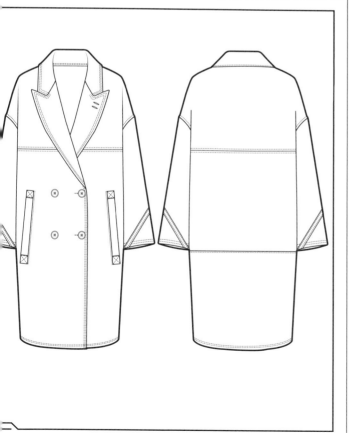

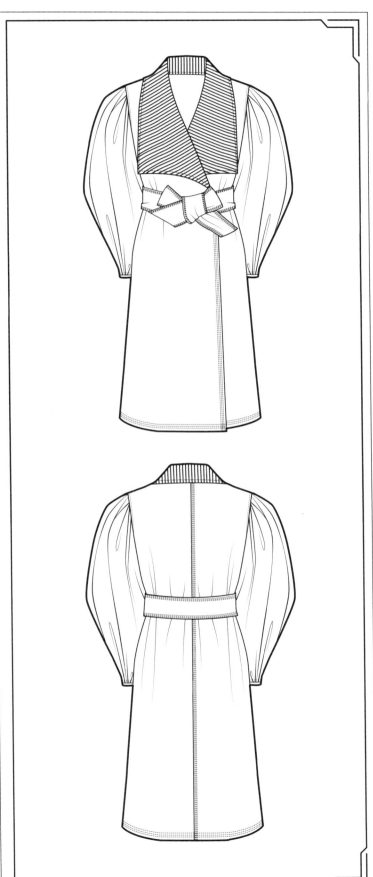

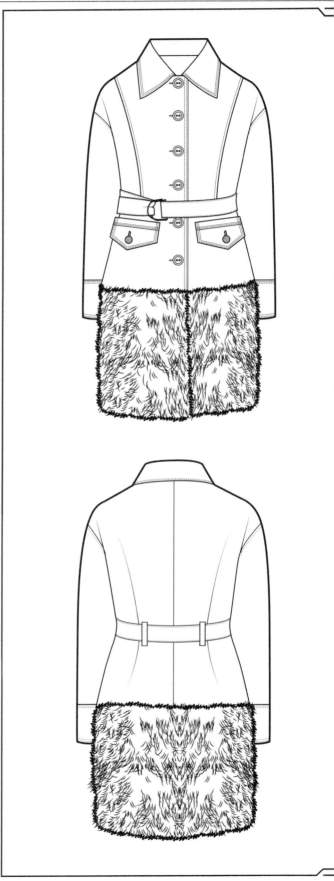

CHAPTER 3

短款大衣
SHORT COAT

- 时尚款
  FASHION STYLE
- 休闲款
  CASUAL STYLE

本章节将女装短款大衣按用途分为时尚款和休闲款。在设计绘图时应注意款式结构、外形轮廓、线的造型及用途等，一定要表达准确和清晰。

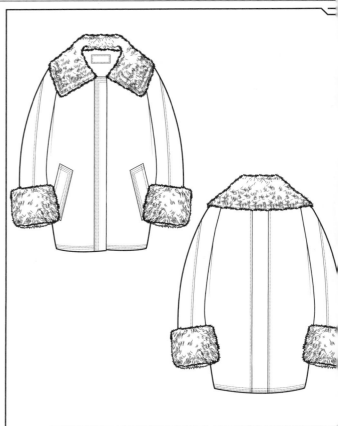

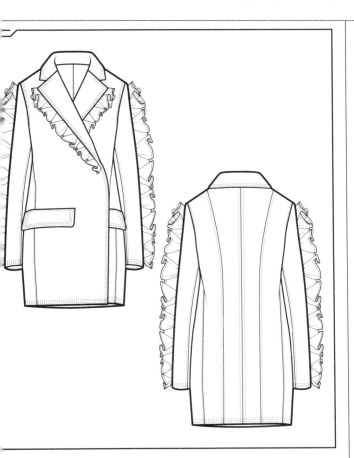

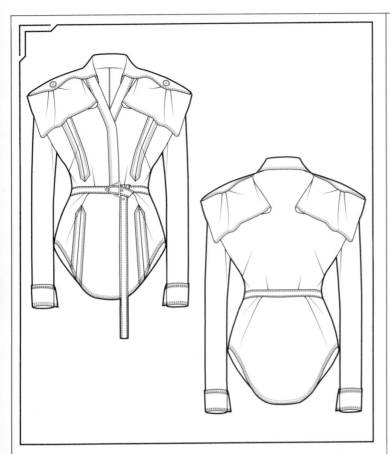

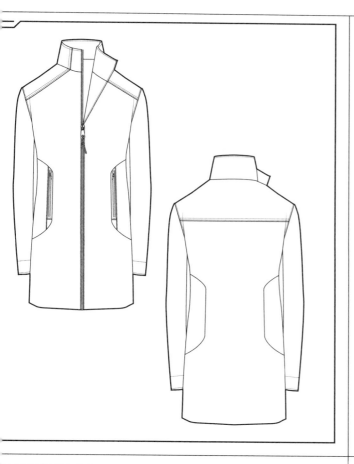

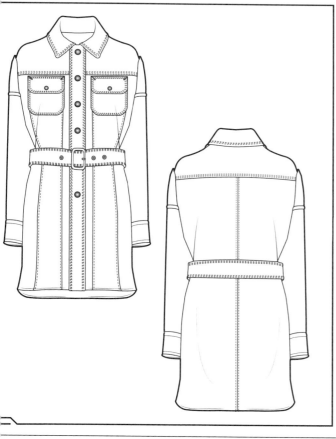

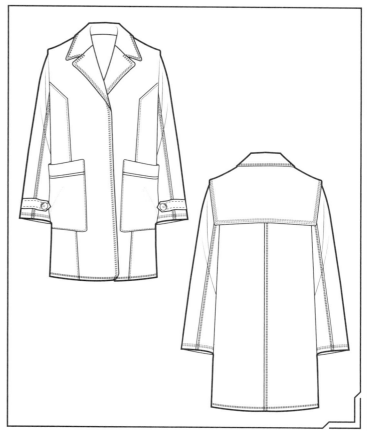

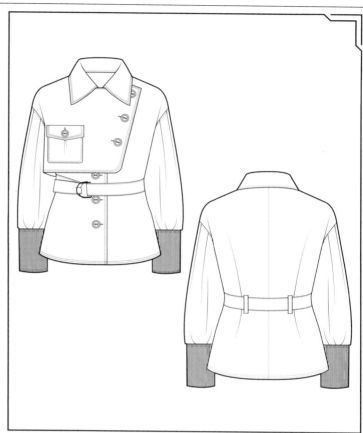

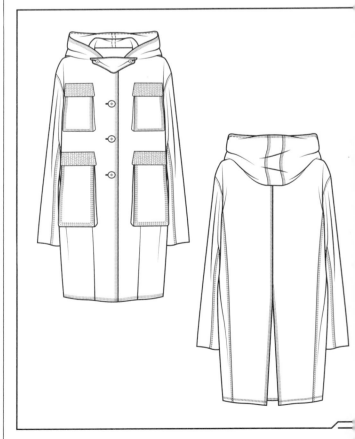

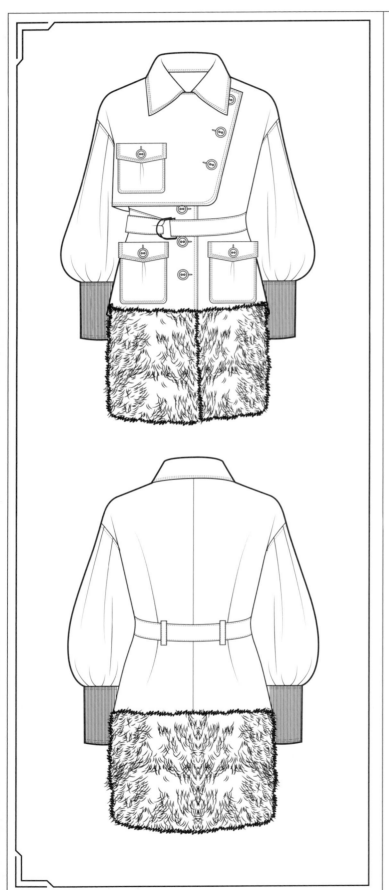

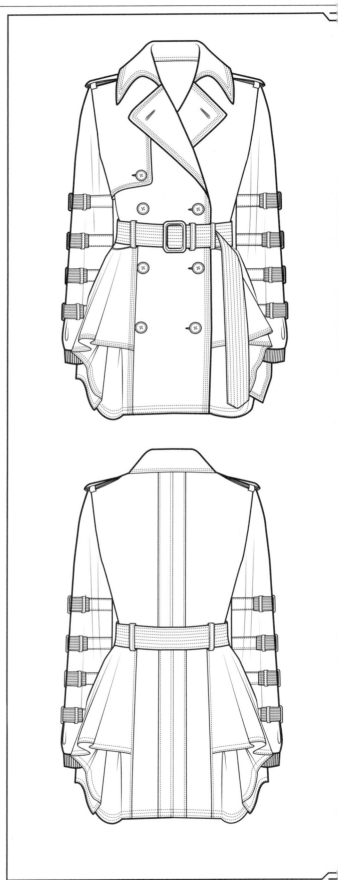

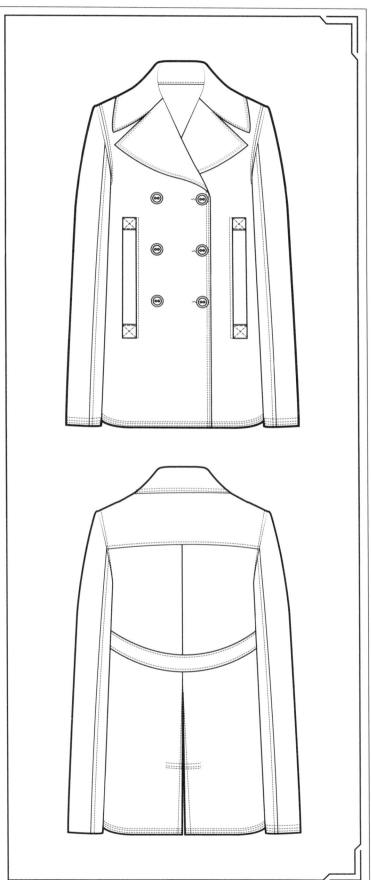

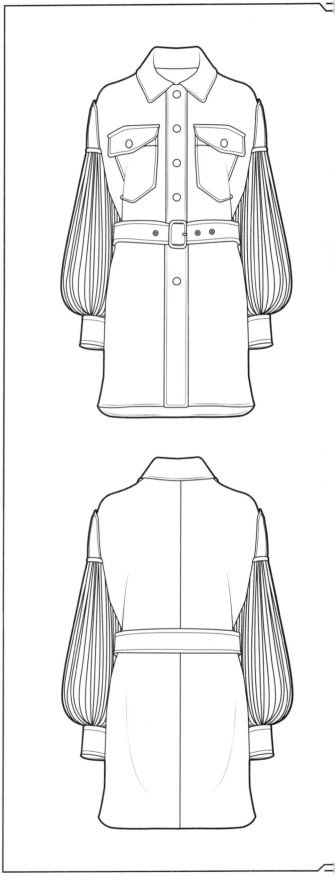

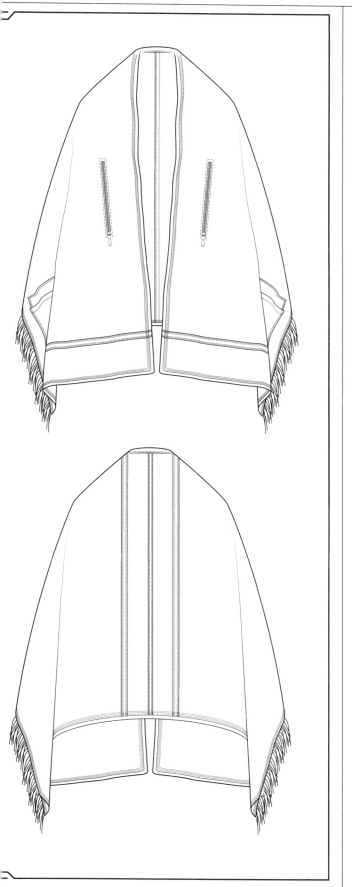

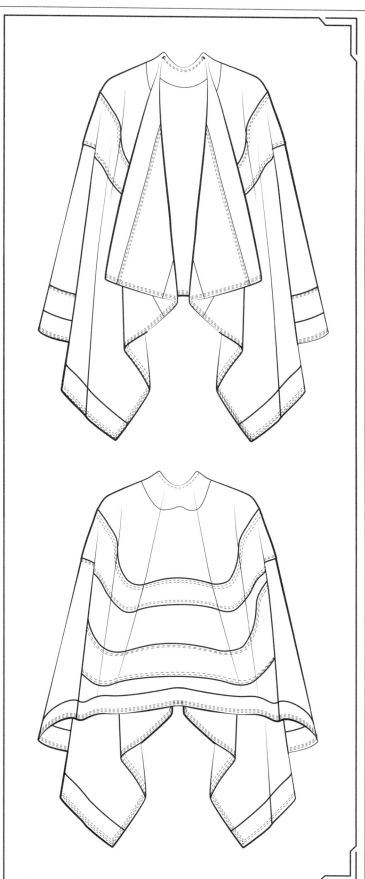

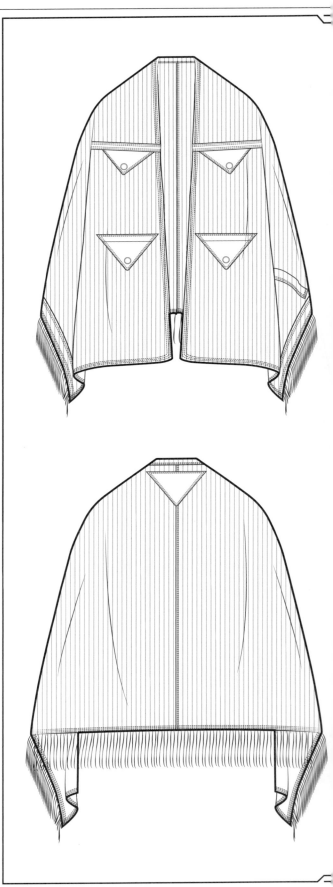

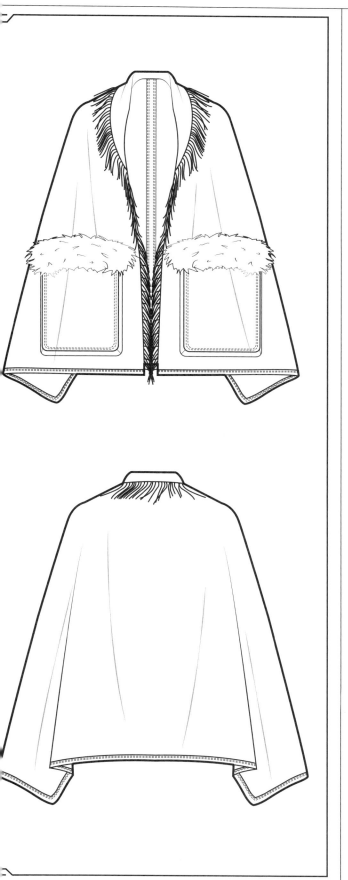

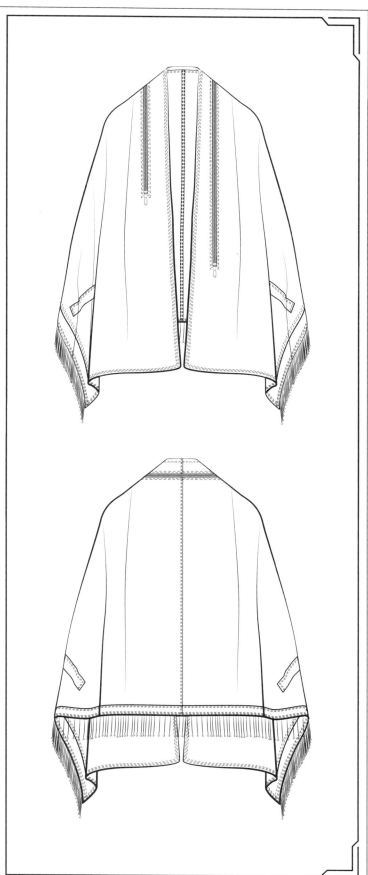

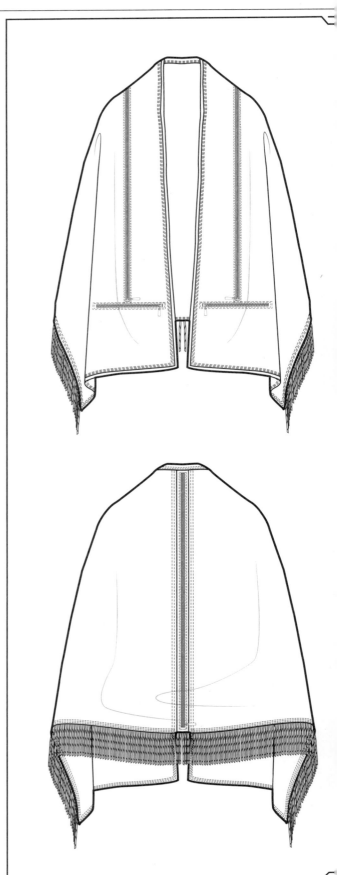